AF370266

RECHERCHES STATISTIQUES

SUR LES SUBSTANCES CALCAIRES

des départemens de l'Hérault, de l'Aude, des Pyrénées-Orientales, de l'Arriège, de la Haute-Garonne, du Gers, des Landes et du Tarn;

Par M. VICAT, Ingénieur en chef des ponts et chaussées.

(Extrait des Annales des ponts et chaussées.)

AVANT-PROPOS.

Ce nouveau travail n'est que la continuation des recherches dont nous avons adressé les premiers résultats à l'administration en 1834 (*). Nous rappellerons brièvement ce que nous avons dit déjà du degré de confiance que l'on peut accorder à la classification arrêtée dans nos tableaux, savoir : qu'à part quelques cas assez rares, où une notable quantité de fer et de magnésie échapperait à l'investigation chimique (qui se borne ici à séparer la chaux d'avec l'argile et les autres principes insolubles dans les acides ordinaires), on peut compter sur l'exactitude de nos appréciations. Nous répéterons aussi que le but de notre mission ne saurait être d'épuiser les recherches dans chaque localité, puisque nous n'avons guère plus de quinze jours à consacrer à chaque département. Il est évident encore que nous ne pouvons rien garantir sur la richesse et l'homogénéité de la plupart des carrières ou gisemens indiqués aux tableaux. Souvent, en effet, la terre végétale recouvre tellement le rocher, qu'il est impossible d'apercevoir autre chose qu'une portion du banc dont l'étendue peut être très-bornée. Cependant, dans ces cas mêmes, nous n'hésitons jamais à en extraire des échantillons ; certain que nous sommes de la co-existence de chaux ou de séries de bancs semblables. Le signalement

(*) Annales des ponts et chaussées ; *Mémoires et documens*, 1834, 1er. *semestre*, page 224 ; chez Carilian-Gœury, quai des Augustins, nº. 41.

de la substance a pour objet alors, de conduire presque infailliblement les personnes qui habitent ou qui fréquentent les localités, à découvrir plus tard, aux environs, des masses identiques, assez étendues pour fournir aux besoins d'une exploitation.

La certitude de cette succession régulière des bancs argileux aux bancs purs dans les divers étages géologiques qui surmontent les terrains de transition, est un résultat d'observation. Le même phénomène s'est reproduit dans les Pyrénées, comme il s'était déjà montré à nous dans les Alpes. C'est surtout dans les grandes coupures que l'on peut l'étudier. On y parvient en suivant avec soin la série des bancs qui se montrent sur le revers des cols et des contre-forts qui séparent les grandes vallées. Là on retrouve presque tous les degrés intermédiaires qui conduisent du calcaire dur et compacte très-pur, au calcaire friable et grossier éminemment argileux. Nous indiquons comme exemples remarquables, savoir : dans le département de l'Hérault, les chaînes (lias) qui séparent Lodève de Bédarieux, et Bédarieux de Saint-Gervais ; et dans le département de l'Aude, le col de Saint-Louis. Nous nous empressons de faire remarquer aussi, que l'alternance des chaux de calcaire pur et de calcaire argileux n'est pas soumise à une périodicité très-régulière, et qu'on la retrouve d'ailleurs, moins complétement il est vrai, mais presque aussi souvent, sur les simples escarpemens des collines, que sur les grandes coupures dont on vient de parler. En un mot, il est rare qu'on puisse suivre long-temps une série de bancs en marchant perpendiculairement à leur direction, sans traverser les variations de texture et de composition signalées tout à l'heure.

Nous avons jusqu'à ce jour recueilli et soumis à l'analyse plus de 1 500 échantillons appartenant à toutes les formations. La comparaison des caractères généraux des pierres et des qualités de la chaux qui en provient, nous a fourni le tableau ci-après, qui ne sera peut-être pas sans utilité pour les recherches ultérieures auxquelles MM. les ingénieurs des départemens voudraient se livrer.

Calcaires à chaux moyennement hydrauliques, tenant de 8 à 13 pour 100 d'argile. 172 échantillons.	de formation jurassique. 58 échantill.	dont 41 varient en couleur.	du gris cendré au gris noir en passant par les divers gris intermédiaires.	sur ces 58 variétés.	21 offrent une texture compacte. / 12 idem semi-compacte. / 5 idem saccaroïde. / 20 idem grossière.
		et 17 id.	du jaunâtre au gris terne ou terreux en passant par l'ocre.		
	de formation crétacée, étage inférieur. 43 échantill.	dont 13 varient en couleur.	du gris clair au gris cendreux et foncé.	sur ces 43 variétés	4 offrent une texture compacte. / 7 idem semi-compacte. / 1 idem saccaroïde. / 31 idem grossière.
		et 30 id.	du blanc jaune pâle au nankin foncé.		
	de formation tertiaire, étage moyen. 71 échantill.	dont 4 varient en couleur.	du gris clair au gris cendré.	sur ces 71 variétés	0 offrent une texture compacte. / 14 idem semi-compacte. / 1 idem saccaroïde. / 56 idem grossière.
		et 67 id.	du blanc au brun rouge en passant par le jaune pâle, le nankin et l'orangé.		
Calcaires à chaux hydrauliques et éminemment hydrauliques tenant de 14 à 30 p. 100 d'argile. 240 échantillons.	de formation jurassique. 73 échantill.	dont 63 varient en couleur.	du gris ordinaire au gris noir en passant par le cendré et le bleuâtre.	sur ces 73 variétés	5 offrent une texture compacte. / 9 idem semi-compacte. / 4 idem saccaroïde. / 55 idem grossière.
		et 10 id.	du blanc sale au jaune nankin et jaune terreux.		
	de formation crétacée, étage inférieur. 70 échantill.	dont 26 varient en couleur	du gris clair au gris foncé en passant par le cendré et le bleuâtre.	sur ces 70 variétés	3 offrent une texture compacte. / 6 idem semi-compacte. / 2 idem saccaroïde. / 59 idem grossière.
		et 45 id.	du blanc de lait au nankin en passant par le blanc sale et le jaunâtre.		
	de formation tertiaire, étage moyen. 97 échantill.	dont 10 varient en couleur.	du gris clair au gris foncé en passant par le cendré.	sur ces 97 variétés	0 offrent une texture compacte. / 4 idem semi-compacte. / 0 idem saccaroïde. / 93 idem grossière.
		et 87 id.	du blanc au rouge brun en passant par le jaune, le nankin et le cendré.		

En considérant dans ce tableau chaque formation en particulier, il devient possible d'établir pour les chaux hydrauliques et éminemment hydrauliques les distinctions suivantes, savoir :

1°. Que le calcaire tenant de 14 à 30 pour cent d'argile affecte généralement, dans la formation jurassique, une couleur qui varie du gris ordinaire au gris presque noir, en passant par les gris intermédiaires, gris de fumée, gris cendré, bleuâtre, etc.; que sa texture est le plus souvent grossière ou marneuse, rarement semi-compacte, et plus rarement encore compacte ou saccaroïde ;

2°. Que le même calcaire, dans la formation crétacée, affecte une couleur qui varie du blanc de lait au nankin foncé, en passant par les nuances intermédiaires, sans exclure cependant le gris clair, ou cendré ou bleuâtre, et que sa texture est très-généralement grossière ou marneuse, très-rarement semi-compacte, et plus rarement encore compacte ou saccaroïde. Ces distinctions de texture cessent d'être caractéristiques quand on arrive aux formations tertiaires, puisque le calcaire compacte n'y existe plus. En recueillant donc des échantillons dans les terrains de cette nature, il convient d'en attaquer immédiatement une petite partie avec un acide, et de ne conserver que ceux dont la solution est incomplète, si toutefois l'on tient à éliminer de prime-abord tout ce qui ne peut conduire à aucun résultat.

Indépendamment des calcaires argileux, on trouve dans toutes les formations intermédiaires dont il vient d'être parlé, d'autres calcaires qui tiennent à l'état de sable plus ou moins fin, une notable quantité de silice ; ceux-là ne produisent que de la chaux maigre, laquelle n'ayant ni le foisonnement des chaux grasses, ni la propriété hydraulique des chaux argileuses, doit être rejetée comme dispendieuse et sans vertu.

Les calcaires arénacés sont excessivement communs

dans l'étage supérieur des terrains tertiaires; il est probable qu'ils en constituent la plus grande étendue; on les retrouve aussi fréquemment dans les terrains primitifs et de transition, où ils alternent avec des calcaires saccaroïdes très-purs; ils se distinguent alors par la grande finesse du sable qu'ils renferment, finesse qui en rend quelquefois le grain tout-à-fait impalpable.

Il n'est pas rare de rencontrer dans ces masses primordiales, des calcaires ayant assez de cohésion pour résister à froid à l'acide hydrochlorique affaibli. Mais il suffit de chauffer jusqu'à ébullition légère pour déterminer une action très-prompte; et telle substance qui paraissait inattaquable, se dissout alors sans laisser aucun résidu.

La limite géologique inférieure dans laquelle et au delà de laquelle nous n'avons jusqu'à présent rencontré aucune substance propre à la fabrication des chaux hydrauliques et des cimens, commence donc aux terrains de transition, et nous pourrions assigner comme limite supérieure exclusive les derniers dépôts tertiaires, sans quelques exceptions qui ne nous permettent pas de prononcer encore.

Le champ des recherches est, comme on le voit, fort étendu. On ne l'explore jamais en vain quand on y met de la persévérance, et surtout quand pour le choix des échantillons on ne s'en rapporte pas entièrement aux agens subalternes, car ceux-ci s'adressent aux cantonniers; ces derniers aux chaufourniers qui croiraient perdre leur four de réputation s'ils n'indiquaient, en fait de pierre, tout ce qu'il y a de plus pur, c'est-à-dire de plus propre à fournir de la chaux grasse par excellence dans la contrée qu'ils exploitent. Cette circonstance semble expliquer pourquoi dans certains départemens, malgré l'empressement bienveillant de nos camarades à nous procurer des échantillons, nous n'avons pas obtenu tous les résultats sur lesquels nous devions compter. Étran-

...er aux localités, nous ne pouvons voir par nous-même, que ce qui est apparent sur les principales lignes que nous visitons. S'il fallait nous en écarter à chaque instant pour explorer l'intérieur des terres, ne fût-ce qu'à une lieue de distance, les quatre ou cinq mois que nous consacrons par année à l'investigation de huit ou dix départemens ne suffiraient pas à un seul. Il est donc bien important, pour que l'assistance tout officieuse que nous recevons de nos camarades porte de bons fruits, que les instructions transmises aux conducteurs et piqueurs soient très-précises. Il faut que les employés sachent bien que ce ne sont pas les pierres dont les chaufourniers tirent les chaux grasses et très-blanches, que nous recherchons, mais principalement, au contraire, toutes celles qui ne donnent que de la chaux grise ou fauve et peu foisonnante, pierres dont l'aspect est généralement grossier ou marneux. Et à propos de ce signalement, nous dirons qu'ici le langage de la science cesse d'être conforme à celui de nos chantiers : telle pierre réputée grossière par les géologues, passerait pour fine chez nos ouvriers. Le calcaire à texture grossière selon les géologues, c'est le conflans de Paris, le crayeux d'Angoulême, etc.; le compacte au contraire, c'est le Château-Landon, le lithographique, en un mot, ce que, dans nos constructions, nous appelons pierre vive et dure, à cassure franche et lisse.

OBSERVATIONS PARTICULIÈRES SUR CHAQUE DÉPARTEMENT (*).

Hérault. — On trouve dans ce département des terrains de toutes les formations, par conséquent le calcaire argileux ne peut manquer de s'y rencontrer. Aussi en

---

(*) M. Vicat a joint à ce mémoire divers tableaux de tous les échantillons par lui explorés et analysés pour chaque département.

L'étendue de ces tableaux n'a pas permis de les insérer aux Annales; mais ils sont imprimés et tirés à part, de manière à pouvoir être réunis en un volume, lorsque M. Vicat aura complété son travail. MM. les souscripteurs recevront prochainement les tableaux qui se rattachent aux départemens déjà explorés.

signalerons-nous sur des points très-divers, savoir : dans les communes de Lunel-Viel ; de Valflanès, canton des Matelles ; de Boucels et de Ganges, canton de Ganges ; de Saint-Felix, canton de Clermont ; à la montée de l'Escaudolgue, près de Lodève ; à Béziers, près des écluses ; dans la commune de Montferrier à 6 000 mètres environ au nord de Montpellier, et enfin à Cette.

Les pierres à ciment sont abondantes dans le terrain de lias qui sépare Lodève de Bédarieux ; on en trouvera également à l'origine de la rampe qui conduit d'Hérepiais à Saint-Gervais.

L'importance des chaux hydrauliques pour les constructions à la mer et pour les travaux de fortifications sur les côtes, nous impose toujours le devoir d'explorer le voisinage des ports avec le plus grand soin : à Cette donc, nous nous sommes adressé à l'obligeance de notre camarade, M. Lemoyne ; cet ingénieur a bien voulu nous accompagner sur tous les points de masse jurassique à laquelle la ville est adossée. Nous avons suivi ensemble tous les bancs des vastes carrières exploitées au sud, mais sans succès. La brèche osseuse rougeàtre qui se montre sur les falaises du même côté, et qui semblait promettre de bons résultats, ne contient que 3 pour 100 de résidu insoluble. Mais en dernier lieu M. Lemoyne nous a conduit au nord, sur un dépôt tertiaire qui couvre une grande partie de l'espace compris entre la base de la montagne et l'étang de Mèze. Trois échantillons pris au hasard, dans les variétés les plus tranchées de ce dépôt, ont donné respectivement 15.00, 15.66, et 16.66 pour 100 d'argile. Cette homogénéité de composition permet d'espérer qu'enfin le port de Cette possédera une chaux, sinon éminemment hydraulique, du moins assez énergique pour fournir, avec le sable seul, des mortiers indestructibles à l'air, et avec environ $\frac{1}{4}$ de pouzzolane sur $\frac{3}{4}$ de sable, des bétons de première qualité pour l'immersion.

Aude. — Les produits volcaniques exceptés, ce département renferme les mêmes variations de terrains que les précédens, conséquemment il doit offrir les mêmes chances de succès aux investigations ; c'est aussi ce que confirment les découvertes de M. Geoffroy, dans le voisinage de Castelnaudary. Cet ingénieur vient en effet de signaler plusieurs carrières qui peuvent fournir une abondante quantité de pierre à chaux hydraulique, savoir : à Feudeille, au Mas et à Monferrand.

A Feudeille, la carrière commence au village et se prolonge dans la montagne sur 2 300 mètres de longueur ; l'épaisseur de la couche exploitable au-dessus du sol, est moyennement de 2^m.50, et comme elle est tout-à-fait distincte des bancs à chaux grasse, il n'y aucune méprise à craindre. La carrière du Mas a environ 600 mètres de longueur. La couche exploitable ne se montre que sur 1^{m}00 de hauteur hors du sol ; mais à mesure que l'on pénètre dans la masse, son épaisseur croît rapidement. Toute erreur dans le choix de la pierre est également impossible, car indépendamment de la parfaite séparation des bancs hétérogènes, ceux qui donnent la chaux grasse affectent une couleur toute particulière qui ne permet pas de les confondre avec le banc argileux.

La carrière de Monferrand est aussi très-abondante ; elle s'étend sur plusieurs lieues de longueur.

M. Geoffroy a fait servir déjà les chaux hydrauliques de Castelnaudary à diverses constructions qui ne laissent aucun doute sur leur grande énergie ; il n'est pas nécessaire d'insister sur les avantages d'une découverte de cette nature, à côté d'un canal tel que celui du Midi.

Les dépôts de calcaire argileux ne sont point, nous le redirons souvent encore, des cas fortuits, mais bien des formations qui se reproduisent d'une manière constante dans les terrains dont nous avons parlé : ainsi nous avons retrouvé dans les communes de Faujean et de Montréal,

sur la route de Carcassonne à Mirepoix, et à près de
40 000 mètres des lieux indiqués par M. Geoffroy, les
mêmes calcaires tenant de 30 à 32 pour 100 d'argile,
c'est-à-dire constitués chimiquement pour donner d'excellens cimens.

Sur la ligne de Narbonne à Perpignan, nous pouvons
signaler la carrière située près du village de Peyriac, et
qui fournit des matériaux d'entretien à la route entre
le sixième et le neuvième repère. On en extrait une pierre
de couleur gris cendreux, à texture grossière, tenant
20 pour 100 d'argile, et qui doit conséquemment se
transformer en chaux éminemment hydraulique par la
cuisson.

Le calcaire marneux de Sijean, quoique de bonne
apparence, ne tient pas au delà de 6.66 pour 100 d'argile;
mais nous n'avons pu reconnaître que les bancs supé-
rieurs : il est probable qu'en descendant sous le sol, on
parviendrait à y trouver des bancs constitués en meilleures
proportions.

Si des dépôts tertiaires de l'est nous passons aux formations crétacées de l'ouest vers Arques et Quillau, nous
rencontrons encore des bancs argileux, savoir : à Cons-
taussa, au col Saint-Louis, au col du Portet, etc. Or,
quand une substance se présente ainsi comme d'elle-
même sur des lignes non choisies, et quand surtout les
explorations sont bornées aux points principaux qui lon-
gent ces mêmes lignes, il faut de toute nécessité que cette
substance soit très-répandue, et l'on conçoit alors ce que
produirait une investigation complète : de commune à commune, par exemple, les résultats seraient innombrables.

Pyrénées-Orientales. — Si l'on excepte une très-petite
étendue au nord, ce département n'offre, d'une part,
qu'une vaste plaine couverte d'alluvions, et de l'autre
que montagnes à terrains primordiaux ; il ne faut donc

chercher ici du calcaire argileux , que sous la zone qui
s'étend de Caudiès à Fiton , vers l'est. On en rencontre
effectivement au delà de Caudiès , en se dirigeant sur le
col Saint-Louis. Les bancs explorés par nous ont donné
de 38 à 80 pour 100 de résidu ; c'est un indice infaillible
de la présence de bancs semblables aux environs , mais
constitués en proportions plus favorables. Les travaux de
la route nouvelle les mettront probablement en évidence.

On remarque vers Fitou , sur les bords de la route, un
dépôt marneux qui tient 15 pour 100 d'argile ; mais il est
trop circonscrit pour fournir à une exploitation. Nous
avons dit que les calcaires des terrains primitifs étaient
ou parfaitement purs, ou plus ou moins chargés d'un
sable excessivement fin. Ce degré de finesse va quelquefois jusqu'à l'extrême ; et comme aucune expérience déci-
sive n'a montré encore le degré d'action que la chaux peut
exercer par voie sèche sur la silice à l'état de poussière
impalpable, il nous a paru utile d'indiquer, comme essai ,
l'examen des produits qui résulteraient de la cuisson des
pierres ainsi composées et fournies, savoir : par les carrières de Baye-Bonne, près de Bagnols de Marande ; par
celles d'Encompagnon, commune de l'Écluse ; par celles
de Bordes , commune de Villongues , et enfin de Thuès ,
canton d'Ollete. Si ces pierres ne donnent que des chaux
maigres sans aucune propriété hydraulique , il faut à
peu près renoncer à toute recherche fructueuse dans les
formations primordiales.

Arriège. — Ce département peut se diviser à peu
près en trois zones de l'est à l'ouest. La zone nord-est
est occupée par des alluvions et des dépôts tertiaires ; la
zone intermédiaire par les terrains secondaires , et la zone
sud, par les chaînes primordiales des Pyrénées.

Les dépôts tertiaires autour de Mirepoix présentent
quelques brèches qui laissent pour résidu un sable exces-

sivement fin, quand on les attaque par un acide ; on en fabrique une chaux très-maigre et selon toute apparence faiblement hydraulique. Mais en descendant jusqu'à la Bastide-Bouzignac on rencontre d'excellens bancs chargés de 10 à 22 pour 100 d'argile.

De Foix à la limite du département vers l'ouest, on rencontre, en suivant la route de Saint-Girons, l'étage inférieur du terrain crétacé ; puis, à partir de la Bastide serait la formation jurassique que l'on ne quitte plus. Les marnes argilo-calcaires sont en abondance sur cette ligne. On commence à les apercevoir à droite sur le coteau dit du Soulès ; on les retrouve au village de la Manchette, commune d'Unjat ; plus loin ensuite au coteau de l'Espillat, commune de Vic ; puis en face de Castelnau, enfin jusqu'à la Cave. Dans cet intervalle d'environ 45 000 mètres d'étendue, on peut exploiter à volonté des chaux moyennement ou éminemment hydrauliques, ou des cimens, car les proportions d'argile varient dans ces marnes de 10 à 30 pour 100.

Haute-Garonne. — Nos recherches dans ce département n'ont pas eu tout le succès désirable, et il convient d'en indiquer les causes. Nous ferons remarquer en premier lieu que les grandes lignes de communication de Toulouse avec l'est, le nord et le midi vers les Pyrénées, parcourent des terrains d'alluvions sur lesquels il n'y a rien à explorer. En second lieu, que les coteaux qui apparaissent au loin étant bas, arrondis et en pleine culture, offrent peu d'escarpemens sur lesquels on puisse apercevoir bien à nu une certaine étendue du fonds solide.

Cependant nous avons visité diverses marnières dans la vallée de la Garonne à partir de Muret jusqu'à Marties, mais sans obtenir autre chose que des calcaires très-chargés en sable. Nous avons été un peu moins malheureux du côté de Pibrac, sur la route d'Auch ; là se sont rencontrées des marnes tenant 11 pour 100 d'argile, d'autres jusqu'à 46 pour 100 d'argile et sable fin mêlés. Il y a donc probabilité qu'entre ces extrêmes on finirait par découvrir les proportions de 15 à 30 pour 100 qui conviennent aux chaux hydrauliques et aux cimens ; mais pour y parvenir, il faudrait essayer quelques fouilles, ce qui est tout-à-fait hors de nos attributions.

Dans l'arrondissement de Villefranche les cantons de Revet et de Caraman sont mieux partagés ; on y trouve des pierres à chaux hydraulique et des marnes qui probablement fourniraient des cimens. Il en est de même des régions situées au sud de Toulouse sur la limite des terrains tertiaires, entre Boulogne et Montesquieu. Nous avons trouvé dans la commune de Montesquieu un calcaire grossier blanc jaunâtre qui a donné 15.66 pour 100 d'argile. Quant aux coteaux qui s'étendent sur la gauche en allant vers Rieux, ils ne fournissent que des marnes chargées en sable.

Après ces dépôts tertiaires, il restait à explorer vers les Pyrénées les calcaires secondaires de l'arrondissement de Saint-Gaudens, et les terrains primordiaux des environs de Bagnères-Luchon. Dans la plupart des espèces secondaires recueillies par les soins de M. l'ingénieur de l'arrondissement, nous n'avons remarqué que des calcaires compactes ou saccaroïdes, se dissolvant en entier dans les acides ou laissant pour résidu un sable excessivement fin qui devient quelquefois impalpable, comme, par exemple, dans un échantillon gris foncé, provenant de la commune de Laudary. Les terrains de transition n'ont fourni que des pierres à chaux maigre. Cependant nous continuons à désirer qu'une expérience en grand lève tous les doutes sur ce qu'on peut attendre des variétés dont le résidu insoluble est absolument impalpable ; et nous signalons comme placés dans cette catégorie, indépendamment de l'échantillon cité tout à l'heure, savoir, les n°. 102 d'Argutdessus, 104 de la commune de Gazan, 106 du pont de Cazaux, 107 de Cier-de-Luchon, 110 d'Antignac, et 115 de Bagnères-de-Luchon. (*Voir* le tableau.)

Gers. — Sur 151 échantillons recueillis dans ce département, 50 seulement ont donné, à l'analyse, des proportions d'argile assez faibles pour se constituer comme calcaires à chaux grasses. Le reste s'est réparti ainsi qu'il suit :

Calcaires à cimens ou à chaux hydrauliques et éminemment hydrauliques. 49
Calcaires à cimens ou à chaux moyennement hydrauliques. 29
Calcaires à cimens ou à chaux faiblement hydrauliques. . . . 23

TOTAL. 101

Si l'on considère actuellement qu'aucun caractère extérieur ne peut aider à reconnaître la présence de l'argile dans les terrains tertiaires, et que les échantillons susdits ont été pris çà et là, dans chaque arrondissement, on sera convaincu qu'aucun choix n'a pu présider à la collection, et qu'en conséquence il est vrai de dire « que dans le département du Gers, les chaux hydrau-» liques sont plus communes que les chaux grasses. »

Il sera évident, par suite, que si nous avons obtenu peu de résultats dans la Haute-Garonne qui touche au Gers, et où l'on retrouve absolument les mêmes terrains, cela ne doit tenir qu'à la différence de configuration du sol qui, moins tourmenté que dans le Gers, offre non-seulement en moindre quantité, mais aussi en moindre profondeur, des coupures, escarpemens ou carrières favorables à l'exploration des bancs.

Landes. — En passant du Gers au département des Landes, on arrive de l'étage moyen à l'étage supérieur des terrains tertiaires, c'est-à-dire de la région des calcaires argileux à celle des calcaires arénacés. Dans les Landes les explorations ne sont possibles que sur une étendue très-limitée, car les sables envahissent et couvrent les $\frac{3}{5}$ de sa surface. On peut voir dans le tableau relatif à ce département que les carrières des environs de Saint-Justin ne donneraient que des pierres à chaux maigre, et que pour obtenir quelques résultats il faut absolument revenir aux couches analogues à celles du Gers, soit en se dirigeant vers Gabaret, soit en se portant sur l'Adour, et au sud de la vallée que parcourt le fleuve depuis Aires jusqu'à Saint-Sever. Alors on trouve non-seulement des calcaires à chaux hydraulique, comme à Audignon et Samadet, mais aussi des calcaires à cimens, comme à Aires, en gravissant le coteau qui domine la ville.

Tarn. — Nous arrivons à un département divisé presque en deux parties égales du nord au sud, par la limite commune aux dépôts tertiaires du moyen étage et aux terrains primordiaux situés à l'est. Ici comme dans les Pyrénées, nous retrouvons des calcaires compactes, ou saccaroïdes très-purs contenant un sable excessivement fin *et quelquefois impalpable.* Nous signalons comme étant de cette dernière espèce les échantillons cotés n°. 27 de Cruzi, commune de Lacase, et 37 de Passes, commune de Viane, et nous insistons encore sur l'utilité qu'il y aurait à vérifier par une expérience en grand (c'est-à-dire par la cuisson d'un demi-mètre cube environ de matière) l'hydraulicité de la chaux produite par ces calcaires à silice impalpable. S'il arrivait en effet que cette silice pût déterminer seulement à un degré moyen, la propriété hydraulique que nous cherchons, ce serait un immense résultat pour la plupart de ces régions élevées où des gelées fréquentes et rigoureuses détruisent tous les mortiers à chaux grasse.

En descendant de l'est à l'ouest on franchit la ligne de démarcation dont nous avons parlé, et l'on arrive à Cas-

tres et à Alby sur les dépôts tertiaires. On entre donc sur
le domaine du calcaire argileux, qui, s'il n'est pas toujours en évidence, n'en existe pas moins presque partout
en couches très-distinctes et peu éloignées du calcaire à
chaux grasse ; il ne s'agit donc que de bien explorer le
terrain pour obtenir presque infailliblement un résultat ;
en voici un exemple fort remarquable. M. ***, chaufour-
nier de la banlieue de Castres, après avoir vendu pendant long-temps de la chaux hydraulique qu'il fabriquait
à grands frais avec de la pierre tirée de Saint-Martin-de-
Serviès, à plus de six lieues de son établissement, a fini
par reconnaître qu'il existait dans sa carrière même, un
banc de couleur ocracée (tenant 22 pour 100 d'argile), qui
fournit aujourd'hui une chaux hydraulique d'une qualité
tout-à-fait supérieure.

On peut voir d'ailleurs que la chaux hydraulique ne
manque dans ce département, ni sur la ligne de Castres à
Alby, ni sur celle d'Alby à Toulouse, et si les recherches
se multiplient, il est certain que de nouvelles découvertes auront lieu à mesure que de nouveaux besoins les
rendront nécessaires.

CONCLUSION.

CONCLUSION.

Nos prévisions sur les richesses de notre sol, en matériaux propres à la confection des chaux et cimens hydrauliques, se vérifient comme on le voit, et chaque
année amène en ce genre de nouveaux résultats. M. l'ingénieur en chef Pellegrini vient de constater à Cahors
l'existence d'un ciment naturel qui fait prise aussi vite
que le plâtre : on nous écrit de Grenoble que pareille découverte vient d'avoir lieu à la base du mont Rachel, etc.
Ces succès nous font un devoir d'appeler d'une manière
toute particulière l'attention de nos camarades sur les
substances calcaires analogues à celles que nos tableaux
signalent comme tenant plus de 25 pour 100 d'argile. Il

ne faut pas se rebuter sur une première épreuve : comme le *maximum* d'énergie de ces substances dépend d'un certain degré de cuisson , il faut le chercher par tâtonnement. Il ne s'agit que de prendre pour point de départ la simple incandescence soutenue pendant quelques heures, et de s'élever par deux ou trois échelons intermédiaires jusqu'à *la fritte*, puis d'essayer comparativement ʌa vitesse de prise sous l'eau , des produits respectifs ainsi obtenus.

Les constructeurs trouveront dans l'emploi des cimens naturels , des ressources précieuses , soit pour la décoration extérieure des édifices , soit pour certains travaux hydrauliques où la prise instantanée du mortier est une condition expresse de succès , et, nous ne saurions trop le répéter, le calcaire à ciment accompagne très-fréquemment le calcaire à chaux hydraulique. L'un et l'autre se trouvent dans toutes les formations secondaires et tertiaires. Qu'on cherche donc avec persévérance, on finira par trouver.

Souillac, 5 mai 1835.

PARIS.—IMPRIMERIE ET FONDERIE DE FAIN,
RUE RACINE , Nº. 4, PLACE DE L'ODÉON.